鑄鐵鍋の
新手聖經

開鍋養鍋╳煲湯沙拉╳飯麵主餐＝許你一鍋的幸福

陳秉文──著　楊志雄──攝影

推薦序

第一次在台北參與兩岸四地暨飲食文化交流的比賽中，見到一位在場拍攝比賽菜餚及廚師們的年輕廚師陳秉文，當時我並未知道他為我拍了一些照片。秉文也是我眼見眾多年輕人之中，極之少數能有懷著理想，帶著目標而又細心、謙信、很有禮貌的年輕人。

印象最為深刻是在比賽結束回港數月後，收到秉文從台灣寄來的禮物。以同樣身為一位廚師的角度去看，當手上有這麼多工作，還要創作菜餚的情況下，就連睡眠時間都不足夠。他還能在拍照後，細心地將相片放入相框內寄給我，足以證明他的心思非一般人可想得到、做得到。

今次秉文編寫一本用鑄鐵鍋料理的食譜書，完全可以發揮個人的創作風格。鑄鐵鍋在運用上要有一定技巧，它的優點在於不溫不火地保持熱度，亦可保存食物水分，保溫效果非常好，耐熱方面可達 100 度以上。尤其以燉、炆、煮、扣最為突出，如醋、酒或是帶有酸性食物等，有一些爐具不能用，鐵鑄鍋就能做得到。

能用少油烹調的廚具亦不多，追求健康人士，鑄鐵鍋更是不可缺少，能夠看到秉文有此成就，祝願他在心願、事業上都能更上一層樓。

一書風行、萬書繼後
秉持理想
文武全才

六國酒店 中菜行政總廚 馬榮德

推薦序

如果只用四個字可以形容陳秉文，那就是一枚奇葩。

秉文曾是我求學時期餐飲管理科的學弟，為人誠懇謙虛，也是我認識多年的好朋友，現在是我們餐酒館的榮譽顧問。感謝有他，不只讓我們在事業上創造了新奇蹟，也讓我們的生命更加精采。

古語有云：「十年磨一劍」，用來比喻秉文再適合不過，過去他不停的刻苦磨練自己，出國交流與深造才有非凡的今天。這麼多年一路看著秉文對做菜的無限熱情，充滿正能量且對料理用心至極，真的是打從心底認同他對廚藝的態度。

今天出此《鑄鐵鍋の新手聖經》一書，讓我相當感動的是，親耳從他口中聽到，這本書讓他發揮到自己創意的極致，希望給予讀者不同的層次享受，我想大家從內容的小細節中，可以感受的出秉文對料理的細膩與用心。

最後我要說極少數的七年級生能讓我如此尊敬與佩服，秉文是我肯定的一位，我相當期待他未來的發展，期待此書能帶給大家截然不同的感受，也深信秉文能夠從他帶給人們的料理中，獻上最深層的幸福。

BARSOUL CEO　陳紹宇

推薦序

秉文是一位追求完美與進步的廚師，也是一位傳承料理的老師。書中裡的菜餚將鑄鐵鍋適合燻烤、蒸煮、燉煨的特性，展現無疑。鑄鐵鍋是許多專業廚師的愛用鍋具，現今亦漸普及至家庭之中，就連最基礎的養鍋也已經簡單許多，不再是主婦們的困擾。

鑄鐵鍋就如同是廚師的好幫手，加上作者的巧思，使用天然的食材以及反璞歸真的烹調方法，將料理帶到一個健康無負擔的境界，這是現今社會人人所追求的。

秉文這本書的內容，更是把廚師的精神與內涵，還有愛融入其中。很開心能有這樣的一位學生，彼此教學相長；書中的道道料理，就留待讀者們品味了。

東南科技大學餐旅管理系　專任講師　王為平

推薦序

秉文就讀元培科技大學的時候，他在學校接受正統的餐飲廚藝訓練，並在多家五星級飯店餐廳養成一身好手藝，且持續不斷地研究餐飲廚藝這塊領域，不僅多才多藝，也是我所教過的學生中，仍專攻各式餐飲並融會貫通的得意門生之一。秉文除了是一位西餐廚師之外，也參與了許多餐廳的籌備開幕，更將多年所學的技藝傳承給許多學子，傾囊相授，從不藏私。

本書融入了秉文十多年的烹飪技術與教學心得，並以西餐常用之鑄鐵鍋來烹調呈現各國料理，依循著書裡的脈絡，以淺顯易懂的方式，將專業廚藝融入生活。書中圖文並茂，有詳細的步驟示範，使讀者能夠輕易地了解書中所述，並輕鬆烹調出西餐料理，當然食譜中也有一些高難度的名菜，做起來技藝能到達「星級飯店主廚」的程度，也藉此幫助學習西餐的烹飪人士奠定扎實的廚藝基礎。

相信本書定能為有心學習西餐鑄鐵鍋料理的烹飪人士，學習到正統各式料理技藝的正確方法，在本書即將付梓之際，特予以推薦。

林森湖

僑光科技大學餐飲管理系　助理教授　林森湖

作者序

自小對料理充滿好奇，從小學去鄰居麵攤小吃店、阿姨的鹹酥雞攤幫忙開始，直到就讀高職時，選擇了決定我一生的永平餐飲科，再透過專業的元培餐管系畢業，對廚師有份固執的熱愛。

食物發展成獨特的風俗國情，料理成為每個人生長回憶中的味道。這本書讓你將飲食輕鬆的融入生活中，再次體會食物對人的感動吧！鍋具對於廚師或對於我來說是種有感情的聯結，鑄鐵鍋就是極佳的象徵，就像照顧小孩般，你不能發大火的脾氣去對待，又要能夠細心呵護。鑄鐵鍋是屬於加熱慢，但蓄熱能保溫效果是最好的，它不愛強烈的化學清潔劑，只要些許熱水與一點油的滋潤，就可以使用一輩子。

透過《鑄鐵鍋の新手聖經》你可以發現平常的麵飯料理也可以簡單的變化，以及許多不同風味的異國料理、經典料理，能滿足自己貪婪的胃或展現兩人份的愛情，更可延伸至家庭份量的親情。另外，還有自製的胡麻旦旦醬、鐵板燒醬汁、辣椒醬、番茄醬……等基本醬汁，相信家裡的冰箱有了這些醬汁，做菜就能更加輕鬆做出變化。所以從現在開始下廚吧，用鑄鐵鍋創造出屬於你的人生食譜吧！

在烹調過程，認識新的食材就像結交一位新朋友般！使用一些獨特風味的黑蒜、淡淡鹽味的冰花、色彩繽紛的食用花、多汁厚實的櫻桃鴨胸、有機的義大利麵與香料⋯⋯你會發現，味道，是最容易回味的。樂趣，可以從一個鑄鐵鍋中找到的。

最後感謝撰寫序言的前輩恩師與好友夫妻倆峴維與芳瑛對本書的幫忙。將此書獻給我的家人。

陳秉文

／著作／
・《油切 80％！54 道好口感氣炸鍋食譜：炸物 + 焗烤 + 香煎 + 甜點一做就成功》
・《健康氣炸鍋教你做出五星級各國料理：開胃菜、主餐 、甜點 60 道一次滿足》
・《健康氣炸鍋的美味廚房：甜點 × 輕食 一次滿足》

／經歷／
・藏 bar hide 餐飲研發顧問主廚
・Philips 廚房家電系列研發廚師
・好侍佛蒙特咖哩夏日料理研發
・芝司樂起司奇蹟廚房研發

・Hide Out Cafe Lounge Park Bar 餐飲研發顧問主廚
・REBEL 餐廳 &HOLIDAY CAFE 餐飲研發顧問主廚
・DAZZLING CHAMPAGNE BAR
・W Hotels Worldwide- The Kitchen Table
・國賓飯店明園西餐廳

／榮譽事蹟／
・2013 蘭帶廚神爭霸戰 亞軍
・2012 年韓國大田比賽 WACS world chefs 台灣區年輕廚師代表
・第二屆紐約全世界華人中國菜廚技大賽川菜銅牌
・第二屆浙江海峽西餐廚藝大賽金牌

CONTENTS

本書量匙、烤箱使用
1 匙 =10 毫升
1 茶匙 =5 毫升
烤箱溫度 =℃

認識鑄鐵鍋

市面上許多鑄鐵鍋的品牌，若是使用適宜及保養得當，成為代代相傳的傳家鍋具。主要不同的是鍋內有分塗層及無塗層，開鍋及保養的過程皆不同，以下說明無塗層鑄鐵鍋的開鍋及養鍋流程。

◎開鍋（第一次使用）

1 鍋中加入洗米水煮沸後關火。

2 鍋子置於爐火上燒乾，鍋中噴上些許的油。

3 用布或餐巾紙將油均勻抹至鍋內的每一處。

4 將鍋具放在乾燥或通風地方，蓋上鍋蓋即可。

◎養鍋

1 鍋中加入清水煮沸後關火。

2 鍋子放在爐火上燒乾至水分蒸發即可，用布或餐巾紙沾點油抹至鍋內每處。

3 將鍋具放在乾燥或通風地方，蓋上鍋蓋即可。

挑選實用器具

了解鑄鐵鍋開鍋及養鍋的正確流程後，挑選鍋鏟及清洗工具時也不可馬虎，俗話說「工欲善其事，必先利其器」才不會在無意中損耗鍋子，進而影響烹調。

鍋鏟	耐熱矽膠鏟、木鏟或不鏽鋼鏟	○	不耐熱材質、尖銳的鏟具	✕
清洗工具	海綿	○	鋼絲刷	✕
清洗用品	小蘇打粉、茶籽粉或洗米水	○	洗碗精	✕

Q&A

透過 Q&A 讓你更進一步認識鑄鐵鍋。

Q 沒有塗層，容易生鏽嗎？
A 會容易生鏽，因此需勤加養鍋。

Q 若是生鏽該如何處理？
A 生鏽情況輕微，可以熱水清洗、擦乾，抹一層薄薄的植物油。若十分嚴重，除去鏽斑後，需重新養鍋。

Q 適用爐具有哪些？
A 除了微波爐以外的爐具皆可，如電磁爐、瓦斯爐、烤箱……等，因導熱效果好，建議使用中小火即可。

Q 可以煮酸的料理嗎？
A 可以，但不宜進行長時間（2～3小時）的燉煮。如：酸菜白肉鍋、醋類、檸檬或金桔等酸性較高的食物。

Q 可用清潔劑刷洗嗎？
A 因保養過程中會抹油預防生鏽，若使用清潔劑會將油清除，因此較不建議使用，切勿使用洗碗機清洗鍋具。

Q 長期間不用，如何收藏？
A 完成養鍋程序，鍋身與鍋蓋邊緣必需乾燥，再以烤盤紙或報紙包覆鍋具，即可放入袋內保存。

健康食材在這裡

完成美味的菜肴，除了要有好手藝之外，食材方面的選擇也是不可忽視。認識了健康食材再隨著書中食譜作法製作，一道道香味四溢的料理就能端上桌。

◎義大料有機香料 & 麵

Timo biologico 百里香

多產於地中海地區，味道溫和而甜美。在西餐烹調中，很多料理喜愛使用百里香，故稱為香草之王，適用於海鮮與香腸、火腿，增添細緻的香氣，具有抗菌的功效。

Basilico biologico 羅勒

羅勒是與台灣九層塔同種不同科的香草，義大利人常將新鮮羅勒加些堅果、蒜頭與橄欖油製成青醬。乾燥的羅勒方便保存，香氣更加強烈，可用於番茄料理或是亞洲泰式料理。

Prezzemolo biologico 洋香菜

洋香菜又稱為巴西利，分為捲曲與平葉，是古老的香料之一，古代羅馬人相信它可以吸收毒素。洋香菜乾燥後味道並不會很強烈，用途很廣可加入任何料理中，能作為料理盛盤的點綴，或是湯、沙拉、蔬菜料理及調味醬汁之中。

Pepe nero 黑胡椒

產於熱帶國家，胡椒香氣源於其中的胡椒鹼。除了醃製肉類的食材外，也很適合熬煮高湯來增加風味。

Cannella regina biologica
肉桂

肉桂富含丁香酚、香葉草醇和花青素，有抑制細菌的功效。用在料理上，能增進食慾。另外，有助於調理女性生理期的不適感，只需將肉桂泡入蜂蜜水飲用即可。

Rosmarino 迷迭香

名稱即源自於古拉丁文的rosmarinus，意思為海之朝露，說明迷迭香的葉片有相當好的適水性。迷迭香香味強烈、清香濃郁是義大利與法國料理，不可或缺的香草，可以去除食材的腥羶氣味。

Origano biologico 奧勒岡

又名為披薩草，在歐洲國家的日常生活中很普遍，適合與番茄和乳酪搭配料理。多半為乾燥後使用，淡淡的辛辣風味是奧勒岡的特徵，它可以殺菌，促進消化，可使用在肉類料理或番茄燉菜的料理之中。

Erbe di provenza biologiche
普羅旺斯香料

以多種香草混合，香氣迷人芬芳，有助於開胃，可用於燒烤食物與牛排調味料理，或是用於醃製，另外也可以與橄欖油混合，製作成香草油。

Farfalle 蝴蝶麵

蝴蝶麵是義大利麵的一種，外型有如歐洲紳士的蝴蝶領結，兩側較細薄，中間較厚實，適合作為開胃沙拉的麵類。

◎特色食材

黑蒜頭

生蒜經過長時間發酵低溫熬成，沒有大蒜的辛辣、口味似水果乾酸甜，黑蒜所含胺基酸是生蒜的 1.5 倍。

迷你紅蘿蔔

如同嬰兒般的蘿蔔，甜度比一般高出許多，可以生吃，適合用於沙拉，但建議熟食烹調更能帶出營養素，不適合與水果打果汁，會破壞水果中的維生素 C。

櫻桃鴨

品種來自英國谷種，由台灣農夫飼養成功，於宜蘭或東部居多，無一般鴨的腥味肉色以櫻桃紅般，肉質則有彈性鮮嫩多汁。

生無花果

產自南台灣的無花果，不必剝皮整顆都可食用，可製成果醬或是沙拉，也可搭配起司。

霸王花

原產墨西哥，經過曬乾乾燥其本質味甘、清心潤肺、去痰止咳，非常適合煲湯。

黃蘑菇

產自義大利，無法大量人工養殖，雖然與牛肝菌同科，風味較為香甜，可烹調義大利麵或煮濃湯。

西洋梨

通常為放軟後食用,多汁甜美,可幫助腸胃消化,適合製作果醬或沙拉,也可用於烘焙,如:西洋梨派。

泡椒

俗稱魚辣子,是四川特有調味,辣中不燥,帶酸味,口感些許清脆。

冰花

原產自南非海邊,耐鹽分的番杏科多肉植物,可搭配牛排或肉類料理。本身富有淡淡鹽味,也富含肌醇(俗稱維生素 B8)是其他葉菜類所沒有的。

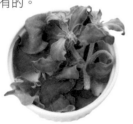

香草莢

產自南美洲居多,需經由長時間才能採收。本身香氣足,容易與其他食材結合,多用於甜點烘焙或製作果醬。

二荊條

產地四川,色澤紅亮,富香度、辣度適中,常用於著名的四川料理,如本書的宮保蝦球、水煮牛肉等食譜。

食用花

產自南投埔里,在歐美或日本,常將食用花視為沙拉或生機飲食,可為料理增添顏色與風味。

Basic
Sauces & Rice

基礎醬汁
與白飯製作

先從白飯、醬汁和香料鹽著手，
再運用自製調味醬料加入料理，
不僅健康又美味。

白飯

 30 分鐘 | 2 人份

材料
白米 2 杯、水 2 杯
清酒 30 毫升、橄欖油 1 匙

Rice

1 把白米洗淨後泡水半小時。

2 加入清酒、橄欖油。

3 作法 2 的白米和水倒入鑄鐵鍋,蓋上鍋蓋,以中小火煮滾約 10 分鐘。

4 關火後,燜約 15 分鐘即可完成。

 tips

· 挑出浮起米粒 ·
洗米時,若有米粒浮至水面,此米可能品質不良,需挑出。

辣椒醬

 20 分鐘　拌麵、沾醬食用
烤肉醃製、炒海鮮類

材料
橄欖油適量、蒜頭 100 克
紅蔥頭 100 克、牛番茄丁 9 顆量
辣椒 450 克、朝天椒 4 根
蝦膏 15 克、棕櫚糖 50 克

Spicy Chili Sauce

1 鍋中放入橄欖油、蒜頭、
紅蔥頭、牛番茄丁、切片
的辣椒，以中小火炒香。

2 加入蝦膏拌炒。

3 加入棕櫚糖拌炒均勻，
待煮滾後開火。

4 以調理機打成泥醬，再
入鍋重新加熱即可完成。

tips

·為何要加熱？·
因為調理機或果汁機藏
有些許細菌，加熱是為
了殺菌，以便安心食用
與保存。

青醬

 10 分鐘 拌麵、沙拉、抹麵包
醃製海鮮

材料
九層塔 50 克、大蒜 3 瓣
松子 20 克、核桃 30 克
橄欖油 250 克、起司粉 50 克
鯷魚 1 條

1 先川燙九層塔。

2 取出川燙後的九層塔，
泡入冰水。

3 取出泡過冰水的九層塔，
擦乾水分。

4 所有食材以調理機打成
泥醬在放入鍋中重新加
熱，即可完成。

Pesto Sauce

tips
· 打泥醬的工具 ·
若沒有調理機，也可用
果汁機攪打成泥醬。

番茄醬

 20 分鐘　　拌麵、沾醬食用 燉飯

材料
鯷魚 3 片、橄欖油 160 克
蒜碎 4 匙、奧利岡葉 1 克
牛番茄塊 6 顆量

調味料
糖 1 茶匙、鹽少許、胡椒少許

Tomato Sauce

1 鍋中放入鯷魚以橄欖油
爆香。

2 放入蒜碎、奧利岡葉、
牛番茄塊以中小火炒軟
後，加入糖、鹽、胡椒
調味後關火。

3 以調理機打成泥醬，再
到入鍋中重新加熱即可
完成。

胡麻旦旦醬

 10 分鐘　 拌麵、炒飯
火鍋湯底

材料
豬絞肉 400 克、橄欖油適量
蒜碎 1 顆量、洋蔥碎 1 顆量
信州味噌 80 克、清酒 100 克
黑芝麻醬 3 匙、七味粉 1 匙

Black sesame meat sauce

1 以橄欖油煸香豬絞肉。

2 加入蒜碎和洋蔥碎以中
小火炒軟。

3 加入信州味噌拌炒均勻，
再倒入清酒提味。

4 加入黑芝麻醬拌炒均勻
後關火。

5 撒上七味粉即可完成。

鐵板燒醬

 40 分鐘 ｜ 拌麵、炒飯 煎肉排

材料
米酒 300 毫升、蜂蜜 100 克、醬油 800 毫升
韓國辣椒醬 60 克、梅林醬油 50 毫升、蘋果 1/3 顆
鳳梨芯 2 個、烤好的帶皮蒜頭 100 克、冰糖 40 克
紅酒 250 毫升

香料
迷迭香 1 根、紅椒粉 1 茶匙、黑胡椒粒 2 匙、肉桂 1 匙
義大利綜合香料 2 匙、月桂葉 1 片

Teppanyaki Sauce

1 鍋中米酒以中火煮去酒味，加入蜂蜜，混勻後取出備用。

2 取乾淨的鍋子倒入醬油、韓國辣椒醬與梅林醬油，放入蘋果、香料與鳳梨芯，以中小火煮滾後，轉小火煮約 30 分鐘。

3 加入作法 1 的蜂蜜，烤好的帶皮蒜頭與冰糖煮約 10 分鐘關火，倒入紅酒待冷卻後，再冷藏 3 天取出過濾即可完成。

tips

· 醬汁用法 ·
可當作烤肉醬或是用於醃肉的醬汁。

· 烤帶皮蒜頭 ·
烤箱先以 170 度預熱 5 分鐘，放入蒜頭烤約 20 分鐘即可。

鳳梨木瓜醬

 50 分鐘

 拌麵、抹麵包
泡紅茶、配起司或餅乾

Pineapple Papaya
Salsa Sauce

材料
鳳梨 500 克、木瓜 500 克
香草莢 1 支、白砂糖 250 克
檸檬皮 5 克

1 鳳梨、木瓜切丁。

2 割開香草莢取出香草籽。

3 加入白砂糖與香草籽。

4 以中小火煮至濃稠，撒上
　磨碎的檸檬皮即可完成。

\tips/

・俄羅斯紅茶・
在俄羅斯會將果醬用來
泡紅茶，取代白糖。

Spicy Garlic Sauce

魚香醬

 10 分鐘

 拌麵、拌飯
炒肉絲或茄子等家常菜

材料

絞肉 50 克、橄欖油適量
薑碎 1 茶匙、蒜碎 3 顆量
郫縣豆瓣醬 2 匙
黑木耳丁 20 克
竹筍丁 30 克、米酒 1 匙
水少許、太白粉水適量
烏醋 1 匙
蔥花（1 根的量）
辣椒油 2 匙

調味料

鹽少許、胡椒少許

1 絞肉以橄欖油煸香後，
  放入薑碎、蒜碎爆香，
  加入郫縣豆瓣醬以中小
  火炒香。

2 放入黑木耳丁、竹筍
  丁、米酒和水拌炒，
  待煮滾後，以鹽和胡
  椒調味。

3 轉小火加入太白粉水
  勾成芡。

4 鍋邊下烏醋，增添烏
  醋香氣即關火。

/tips/

· 玉米粉水 ·
太白粉水可替換為玉
米粉水做勾芡，使醬
汁較濃稠，不易與水
分分離。

5 放入蔥花和少許辣椒
  油混勻即可完成。

南瓜醬

 35 分鐘　拌麵、煮湯、燉飯

材料
南瓜 1 顆、自製香料鹽適量
鮮奶油 100 毫升、橄欖油少許

Pumpkin Sauce

1 南瓜對半切去籽，撒上
　自製香料鹽，放入烤盤。

2 烤箱以 180 度預熱 5 分
　鐘後，放入南瓜烤約 35
　分鐘。

3 取出南瓜，把皮撥除後
　過篩成泥。

4 南瓜泥、鮮奶油與橄欖
　油放入鑄鐵鍋拌勻，以
　中小火煮滾即可完成。

自製香料鹽

 1 分鐘

 調味料理
任何醃製（如：鹹豬肉）

材料
黑胡椒 4 匙、紅椒粉 1 匙
迷迭香 1 茶匙、香蒜粉 1 茶匙
茴香籽 1 匙、海鹽 60 克

Herb Seasoning Salt

1 所有香料與海鹽一同放
　入鑄鐵鍋。

2 以小火拌炒。

3 炒至出現香氣即可，待
　冷卻後放置器皿保存。

 tips

· 香料鹽受潮 ·
將結塊的香料鹽放入鍋
中炒散，至濕氣蒸散。

Chapter 1

湯品料理
Soups

清爽活力的雞湯、奶味香濃的濃湯、淡淡清香的茶高湯，
還是日式風味的湯咖哩，每道湯品獨具一格，喝一口，回味無窮。

Hearty Curry Vegetable Soup

元氣蔬菜湯咖哩

番茄、蘆筍、杏鮑菇……有著多種蔬菜的湯咖哩，吸取了蔬菜的鮮甜味。

 30 分鐘 　　 4 人份

材料
咖哩塊 1 塊
杏鮑菇 6 個
玉米筍 6 根
蓮藕片適量
蘆筍 3 根
豆芽菜 100 克
秋葵 70 克
木瓜丁 60 克
九層塔葉適量

蔬菜醬
洋蔥 2 顆
木瓜 1/4 個
牛番茄 3 個
茄子半條
水 1400 毫升

調味料
鹽少許
蜂蜜 30 克

裝飾
秋葵半根
茄子 1 段
豆芽菜適量
杏鮑菇 1 段
玉米筍 1 根
蓮藕片 1 片
蘆筍 1 根
腰果 30 克

1 先製作蔬菜醬。洋蔥切絲，炒至深色備用；再將木瓜、牛番茄、茄子切塊，放入鑄鐵鍋炒香後，倒入水與洋蔥絲煮約 10 分鐘。

2 作法 1 放入調理機打成泥狀，再放入鍋中重新加熱，以中小火煮滾後加入咖哩塊，轉小火煮至融化。

3 將杏鮑菇切塊，一同與玉米筍、蓮藕片，入作法 2 的鍋中煮約 5 分鐘。

4 再於鍋中放入蘆筍、豆芽菜、切對半的秋葵，煮約 1 分鐘至熟後關火。

5 再以鹽和蜂蜜調味，加入木瓜丁與九層塔葉。另取深底鑄鐵鍋，倒入作法 5 的咖哩。

6 最後放上川燙過的秋葵、茄子、豆芽菜、杏鮑菇、玉米筍、蓮藕片、蘆筍及腰果即可完成。

Fish with Oolong
Tea Rice Soup

茶韻米香繡球湯

不需繁複煎炒與調味，以茶為高湯的清爽泡飯，足以溫暖你的胃。

 10 分鐘 　　 2 人份

材料

昆布 1 小片
水 500 毫升
柴魚片 15 克
烏龍茶葉 2 匙
白飯 1 碗
鯛魚片 1 片
海鹽適量
爆米香粒適量
梅子 1 顆
菊花花瓣適量

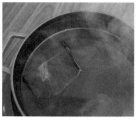

1 將昆布與水一同放入鑄鐵鍋煮滾後關火。

2 加入柴魚片、烏龍茶葉蓋上鍋蓋燜 5 分鐘。

3 茶高湯以濾網過濾去除雜質。

4 把白飯捏成球狀，飯粒緊實不鬆散備用。

5 依鯛魚片的紋路斜切成數片，再撒上海鹽。

6 將鯛魚片包覆住飯糰捏緊，即成鯛魚球。

7 最後把爆米香粒鋪在鍋底，依序放上鯛魚球、梅子。

8 淋上滾熱的茶高湯，再撒上菊花花瓣即可完成。

Luffa with Dried
Sergestid Shrimp Thick Soup

暖秋櫻花蝦絲瓜濃湯

外型小巧淡紅的櫻花蝦，為蔬菜濃湯增添十足的鮮味。

 30 分鐘　　 4 人份

材料
絲瓜半個
馬鈴薯半塊
洋蔥 1/4 塊
胡蘿蔔 30 克
橄欖油適量
櫻花蝦 1 匙
巴西利碎適量
水 1200 毫升

調味料
牛奶 100 毫升
鹽適量
胡椒適量

裝飾
起司片 1 片
奶泡適量
炒過的櫻花蝦 1 匙
西芹 30 克

1 將絲瓜、馬鈴薯、洋蔥、胡蘿蔔料切塊，放入鑄鐵鍋中，再以橄欖油炒至香軟。

2 加入櫻花蝦和巴西利碎，略炒一下。

3 倒水至鍋中以中小火煮滾後，再煮 20 分鐘後關火。

4 作法 3 的蔬菜湯倒入調理機打碎後，重新倒回鍋中加熱，以牛奶、鹽與胡椒調味，攪拌均勻至微滾。

5 起司片切丁，再與奶泡一同放在湯上。

6 最後撒上櫻花蝦，插上西芹葉即完成。

\tips\

· 打奶泡 ·
將牛奶加熱約 50 ～ 60 度，用打發器攪打至起泡。

Chicken with Night Blooming Cereus Soup

霸王花雞煲湯

加了霸王花的雞煲湯，據說可以健胃驅風哦！

 2 小時　　 4 人份

材料
霸王花 6 株
無花果乾 3 顆
雞腳 6 個
棒棒腿 10 個
水 1200 毫升

1 將霸王花洗淨泡水約 10 分鐘。

2 無花果乾切成對半。

3 雞腳與棒棒腿一同川燙後瀝乾備用。

4 取乾淨的鑄鐵鍋，將所有食材放入鍋中，倒入水 1200 毫升。

5 以小火煲煮 2 小時至雞肉全熟即可。

\tips/

· 購買霸王花 ·
P14 說明霸王花適合用於煲湯，通常可在中藥材店鋪購買。

Chicken Meatball and Daikon Radish Soup

雞毛蒜皮湯

冬天一到，天氣變得冷颼颼，也該是為身體進補的時候了！
快來煮上一鍋香噴噴的雞湯，暖暖身子吧！

材料
雞胸肉 1 塊
白蘿蔔半根
熟毛豆 30 克
薑片 10 克

雞高湯
雞骨架 1 個
蔥 1 根
金黃火腿 30 克
水 1400 毫升
白蘿蔔皮半根

調味料
白胡椒粉適量
海鹽適量
紹興酒 10 毫升

裝飾
黑蒜頭適量

1 先製作雞高湯。將雞高湯
  食材放入鑄鐵鍋中。

2 以中小火煲約 1 個小時半
  至湯入味。

3 高湯以濾網去雜質，並先
  取出金華火腿備用。

4 將雞胸肉用調理機或是菜
  刀剁成絞肉。

5 絞肉以白胡椒粉、海鹽與
  紹興酒調味。

6 捏成圓形的丸子。

1 小時 40 分　　2 人份

7 雞肉丸捏的過程中手可沾些許油，以防沾黏。

8 用挖球器將白蘿蔔中間處挖出可以放入作法 7 雞肉丸的大小。

9 白蘿蔔與雞肉丸、毛豆、薑片放入雞高湯中，以小火煮 10 分鐘。

10 取一個深底鑄鐵鍋，依序放上蘿蔔塊、雞肉丸與金華火腿。

11 倒入作法 9 的雞高湯。

12 最後再以黑蒜頭裝飾即可完成。

Chapter2

開胃沙拉小品
Salads

製作沙拉，除了常備的生菜及千島、和風醬，
還可以用白巧克力、起司、水果、蝴蝶麵來變換口味。

Garden Vegetable
Potato Salad Dressing

花園式薯泥盅

黑色的馬鈴薯泥以鮮綠蔬菜綴飾，看上去好似一盆精巧的小植栽。

 30 分鐘　　🍽 4 人份

材料

馬鈴薯 3 顆
橄欖油 3 匙
竹碳粉 1 匙
黃蘑菇 3 匙
麵包粉 6 匙
橄欖油（炒菜用）適量

調味料

海鹽適量
胡椒適量

裝飾

迷你紅蘿蔔 1 根
龍鬚菜 20 克
蘆筍 3 克
雪白菇 10 克
鴻喜菇 10 克
豆苗適量

1 先將馬鈴薯去皮切塊放入鑄鐵鍋中，倒入蓋過馬鈴薯塊的水量，放入海鹽，煮約 15 分鐘。

2 煮熟的馬鈴薯瀝乾，以壓泥器先搗碎。

3 作法 2 的馬鈴薯碎塊過篩後壓成薯泥。

4 薯泥趁熱拌入橄欖油、竹碳粉，再撒上海鹽與胡椒調味。

5 以打蛋器將作法 4 的薯泥充分攪拌均勻備用。

6 黃蘑菇與麵包粉打碎後，以橄欖油炒至上色備用。

7 作法 5 的薯泥放入擠花袋以螺旋狀擠入鍋中，再撒上作法 6 的黃蘑菇與麵包粉。

8 所有的配菜燙熟後瀝乾。依序將配菜裝飾在作法 7 的薯泥上即可。

Feta cheese and Beetroot Salad

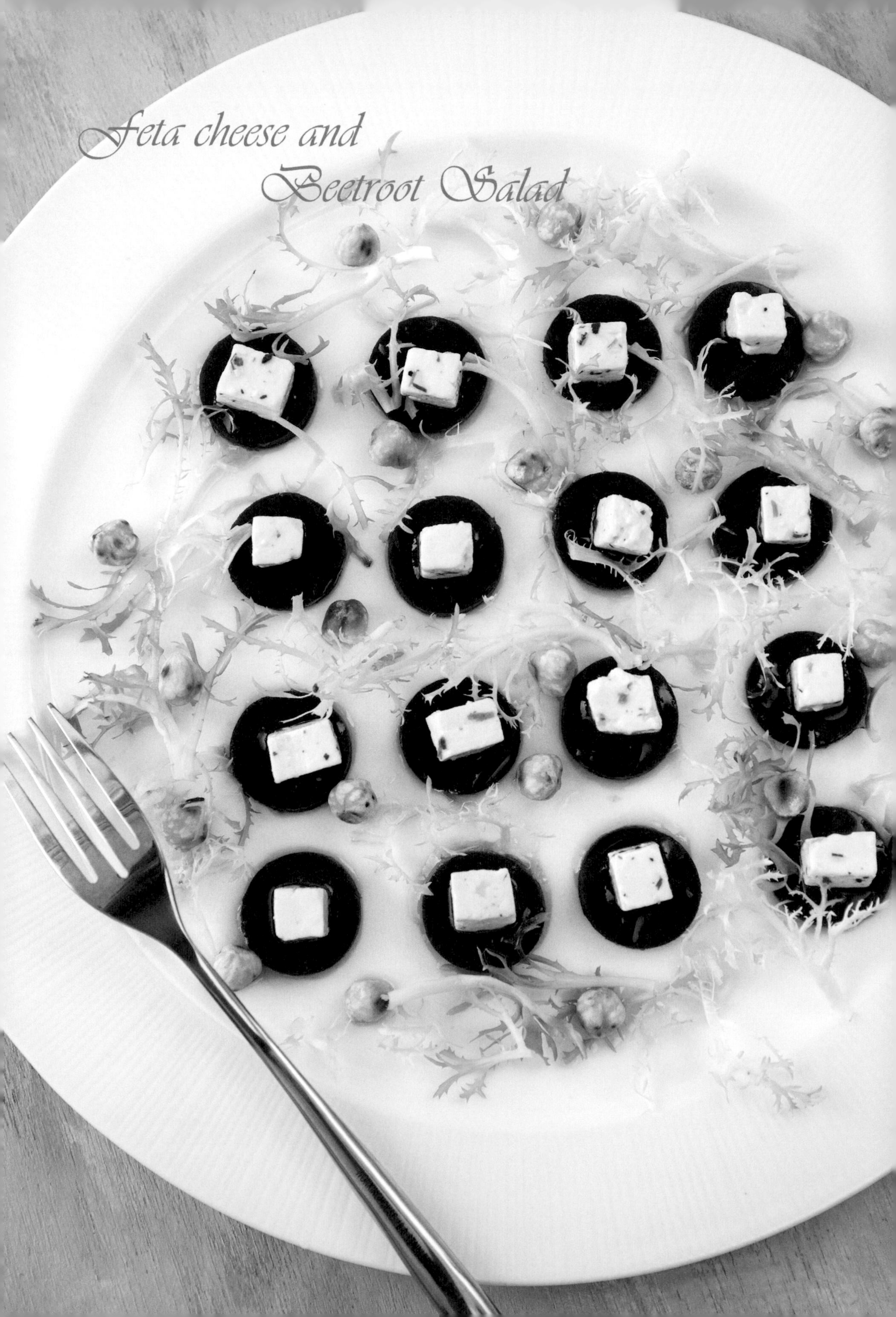

甜菜根費達起司沙拉

做起來簡單不費時又富含營養的沙拉，非常適合家中開派對時準備的菜色。

 10 分鐘 | 4 人份

材料
甜菜根 1 顆
橄欖油 2 匙

調味料
薑泥 10 克
義大利醋 3 匙
蜂蜜 3 匙

裝飾
綜合生菜適量
費達起司 30 克
榛果適量

1 去皮的甜菜根用模具壓成形（作法示範為圓形）。

2 所取的形狀，可依喜好變化。

3 甜菜根再以薑泥、義大利醋與蜂蜜調味，放入鑄鐵鍋中。

4 再於鍋內倒入可蓋過食材的水量，煮約 5 分鐘，待甜菜根燙熟即可取出。

5 甜菜根放涼後瀝乾，依喜好盛盤，再放上綜合生菜。

6 淋上橄欖油，增添色澤與口感。

 tips

・甜菜根果汁・
剩餘的甜菜根可用果汁機打成泥，加入蜂蜜做成果汁。

・除去土味・
以薑泥調味，可除去甜菜根原有的土味。

7 再於作法 6 上，放上費達起司。

8 最後放上榛果裝飾，即可完成。

Duck Breast with Fruit Salad

鴨胸水果沙拉

外皮酥脆、肉質軟嫩的鴨胸搭配清爽的新鮮水果，是開胃的絕妙組合。

🕐 20 分鐘　│　🍽 4 人份

材料
鴨胸肉 1 塊（需帶皮）
橄欖油（油煎用）適量
布萊迪艾雷大麥威士忌 1 匙
西洋梨 1 顆
橄欖油 60 毫升
鳳梨木瓜果醬 1 匙
草莓適量
綜合生菜適量

醃料
肉桂半茶匙
自製香料鹽 1 茶匙

1 在鴨胸皮面上，劃出格紋刀痕。

2 肉桂以磨泥器磨成粉末後，以自製香料鹽略醃一下鴨胸。

3 鴨胸皮面朝下放入鑄鐵盤，以少許油煎。

4 以重物平壓鴨胸肉，能讓肉快速變熟，且鴨胸皮煎得較脆。

5 當鴨胸表皮煎至金黃時翻面，再煎至七分熟，噴上威士忌，保持肉質濕潤。

6 把西洋梨去皮後，加入橄欖油搗成泥備用。

7 鴨胸切片後即可盛盤。

8 於盤上擠上西洋梨泥，以鳳梨木瓜果醬點綴，再放上草莓、綜合生菜即可完成。另外也可取小型深底鑄鐵鍋作為食器。

tips

・煎出酥香脆皮・
煎鴨胸時，可放上鍋子平壓，使表皮煎得酥脆，又能較快煎上色。

・以深底鑄鐵鍋為容器・
先放綜合生菜與草莓堆疊，最後放上切片鴨胸肉，淋上鳳梨木瓜果醬與西洋梨泥即可。

Fig Salad with Cheese,
Walnut and White Chocolate

白可可起司核桃無花果盅

沾上白巧克力起司醬，品嘗著甜鹹交織的美味，享受倆人愜意的午茶時光。

 10 分鐘　🍴 2 人份

材料

核桃 100 克
海鹽 1 茶匙
無花果 2 顆
白巧克力 50 克
起司片 6 片
鮮奶油 100 毫升
布萊迪波夏大麥威士忌 45 毫升
綜合生菜適量
蜂蜜適量

1 核桃撒上海鹽，炒至上色。無花果切成塊備用。

2 白巧克力與起司片切小塊放入鑄鐵鍋以小火加熱。

3 白巧克力與起司片加熱融化時，需一邊攪拌均勻。

4 於作法 3 中加入鮮奶油與威士忌。

5 將鍋子放置盤中，擺放作法 1 的無花果和綜合生菜。

6 最後放上適量的核桃，再淋上蜂蜜即可完成。

Farfalle with Shrimp,
Bamboo Shoot and Pesto Sauce

竹筍鮮蝦青醬蝴蝶麵沙拉

在炎熱的夏季裡，就是要吃碗爽脆的沙拉來開胃。
用蝴蝶麵做的沙拉，造型十分討喜，能吸引大人與小孩的目光。

材料

有機蝴蝶麵 150 克
橄欖油 2 匙
竹筍 2 個
草蝦 6 隻
自製青醬 5 匙
風乾番茄 2 顆
帕瑪森起司適量
松子適量

醃料

自製青醬 2 匙
胡椒鹽適量

裝飾

九層塔葉適量

1 有機蝴蝶麵煮約 4 分鐘
至熟中帶有嚼勁的口感取
出，淋上橄欖油備用。

2 竹筍放入鑄鐵鍋，加入可
蓋過食材的水量，煮約 15
分鐘至筍熟透。

3 作法 2 的竹筍煮熟後取出
冰鎮。

4 待竹筍涼透之後，便可開
始去皮。

\tips/

‧煮竹筍‧

不去殼的竹筍放入水
中滾煮，讓竹筍飽有
甜份，養分不流失。

5 竹筍切成滾刀塊備用。

6 草蝦洗淨，先於背部劃一
刀，勿切斷。

🕐 30 分鐘　🍴 2 人份

7 於蝦背去除腸泥。

8 去好腸泥的草蝦,加入青
醬與胡椒鹽略醃一下。

9 醃好的草蝦放入鑄鐵盤,
以中小火煎至上色後,即
可翻面。

10 待草蝦另一面煎熟,即可
取出備用。

11 將竹筍、風乾番茄和作
法 1 的蝴蝶麵中,加入青
醬拌勻後,倒入深底鑄鐵
鍋中。

12 再於鍋中擺上草蝦,撒上
起司與松子,以九層塔葉
裝飾即可完成。

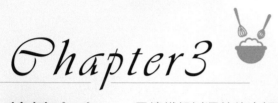

Chapter3

精緻小吃
Hors D'oeuvre

用鑄鐵鍋以獨特的烹調方式與調味，
為熟悉的夜市美食添新意，來場華麗的小吃饗宴。

Oyster Omelet

私房蚵仔煎風味

蚵仔淋上生蚵醬，配上西米露的 Q 彈與酥炸春捲皮的脆，顛覆你的味蕾。

 10 分鐘　｜｜O｜ 2 人份

材料
西米露 4 匙
鐵板燒醬 1 匙
越南春捲皮 1 片
綜合生菜適量
鳥蛋 3 顆

生蚵醬
生蚵 150 克
奶油 20 克
味噌 1 匙

裝飾
甜辣醬適量
食用花適量
炸好的春捲皮適量

1 先製作生蚵醬。生蚵以奶油煎香，先取出 6 個生蚵備用。

2 放入味噌拌勻後，煮至生蚵變熟，即取出瀝乾。

3 作法 2 的生蚵過篩成泥備用。

4 取一個深底鑄鐵鍋將西米露煮熟，顏色呈透明。

5 倒入鐵板燒醬，與西米露拌勻後備用。

6 起油鍋放入越南春捲皮以高溫炸成脆片。

7 所有食材盛盤。

8 以甜辣醬、炸好的春捲皮、食用花裝飾，即可完成。

059

Tofu, Pork Slices and Vegetable
Hot Pot with Black sesame meat sauce

胡麻旦旦豆腐鍋

吃膩了重口味的麻辣火鍋，那麼買瓶豆漿當鍋底，做個豆腐火鍋，
換換口味吧！

材料

大白菜 6 片
油菜 1 把
鮮香菇 1 朵
梅花肉 8 片
蒜苗 1 根
豆漿 1200 毫升
濃口鰹魚醬油 100 毫升
板豆腐 1 塊
胡麻旦旦醬 4 匙
金針菇 1 束
迷你紅蘿蔔 1 根

1 大白菜與油菜放入鍋中川
　燙後取出瀝乾。

2 切段的油菜放在平鋪的大
　白菜上。

3 從油菜的一端，慢慢地將
　大白菜捲起來。

4 捲的過程需注意，不可將
　大白菜捲破。

5 大白菜捲切成對半備用。

6 鮮香菇去除梗，在中間處
　切一個 V 形刀。

7 香菇轉 90 度後，再切一個
　V 形刀，完成香菇刻花。

🕐 30 分鐘 ｜ 🍴 2 人份

8 取一片梅花肉，捲一圈在手指上。

9 捲完肉片，由底部輕推出來成肉捲的樣子。

10 肉捲上端微微翻開，有如花朵的形狀，即可成肉捲花。

11 蒜苗切片。另取一鑄鐵鍋，倒入豆漿，加入濃口鰹魚醬油。

12 放上整塊板豆腐。

13 在豆腐上放入胡麻旦旦醬，所有食材依序放入鍋中，以中小火煮滾至熟即可完成。

Fried Taro Cake with spicy Garlic Sauce

魚香芋頭糕

芋頭糕是客家的傳統菜肴，如同蘿蔔糕的一種煎粿，搭配自製的魚香醬，增添不同的風味。

🕐 1 小時　｜　🍽 2 人份

材料

芋頭 1 顆
紅蔥頭 10 顆
蝦米 50 克
醬油 4 匙
在來米粉 350 克
水 900 毫升
香油 1 匙
魚香醬 8 匙

調味料

五香粉適量
白胡椒粉適量

裝飾

泡椒適量

1 芋頭去皮切成絲、紅蔥頭切片備用。

2 紅蔥頭、蝦米放入鍋中爆香，撒上五香粉、白胡椒粉，淋上醬油，再加入芋頭絲拌炒，炒至聞到芋頭香氣即可。

3 在來米粉與水一同放入攪拌盆混合均勻。

4 在來米粉水倒入作法 2 的鍋中，炒至濃稠。

5 取一個深底鑄鐵鍋，先用餐巾紙沾香油，再抹至鍋內。

6 作法 4 的芋頭炒料倒入深底鑄鐵鍋，再放入鐵製蒸籠，蒸約 40 分鐘至芋頭成糕熟透。芋頭糕冷卻後倒扣取出。

tips

· 注意火候，小心燒焦 ·
在蒸芋頭糕時，以中小火即可，另外注意蒸籠水量以免燒乾。

7 芋頭糕切塊後，放入鑄鐵盤煎香。

8 在煎好的芋頭糕淋上魚香醬，以泡椒裝飾即可完成。

Mapo Tofu with
Sea Urchin

鮮味麻婆豆腐

使用多種辛香料與海膽製成麻婆豆腐，不僅能嘗到麻與辣的味道，還有鮮味。

 10 分鐘 | 2 人份

材料

薑碎 1 茶匙
蒜碎 2 茶匙
花椒油 1 匙
羊絞肉 60 克
辣椒油 2 匙
郫縣豆瓣醬 2 匙
豆腐 1 塊
水 300 毫升（或是雞高湯）
醬油 2 匙
海膽 80 克
太白粉水適量
蒜苗碎半根
花椒粉 1 茶匙

1 薑碎、蒜碎一同放入鍋中，以花椒油爆香。

2 加入羊絞肉、辣椒油煸香後，放入郫縣豆瓣醬拌炒均勻備用。

3 豆腐切方塊丁。

4 取一個鍋子倒入適量的水，放入豆腐丁川燙，取出後瀝乾備用。

5 作法2的鍋中倒入水、醬油、40 克海膽、作法4的豆腐，以小火煮約 2 分鐘。

6 一邊慢慢地倒入太白粉水，一邊攪拌，直至湯汁濃稠為止。

7 撒上蒜苗碎、花椒粉，以剩下的海膽裝飾即可完成。

 tips

· 川燙豆腐 ·
川燙時，切勿讓水煮滾，否則豆腐在烹煮的過程容易碎裂。

· 郫縣豆瓣醬 ·
郫縣是指中國四川，通常中國的豆瓣醬是主要以蠶豆與黃豆製作，而台灣選用黃豆。

Fried Turkey Meatballs

土耳其炸肉丸

以牛肉或羊肉製成的丸子入鍋油炸，食用時再淋上優格是土耳其人的吃法。

 10 分鐘　　　🍽️ 2 人份

材料

洋蔥碎 40 克
羊絞肉 400 克
白飯半碗
雞蛋 2 顆
麵粉適量
沙拉油（油炸用）適量
自製番茄醬 2 匙
優格 2 匙
綜合生菜適量

醃料

巴西利碎 1 茶匙
小茴香 1 茶匙
鹽 1 茶匙
胡椒半茶匙

1 洋蔥碎炒香後放涼，一同與羊絞肉、白飯、醃料放入攪拌盆。

2 作法 1 的材料攪拌至均勻，再分成 4 個橢圓形的肉丸。

3 雞蛋打散成蛋液。將作法 2 的肉丸依序沾上麵粉與蛋液。

4 起油鍋，油溫約 170 度，將肉丸入鍋油炸。

5 炸約 3 分半鐘至肉丸表面呈金黃色且熟透。

6 淋上番茄醬與優格，再以綜合生菜裝飾，即可完成。

Chapter4

海鮮料理
Seafood

以海膽、龍蝦、蟹腳、海魚……等食材，烹煮出鮮味飽滿的料理，佐上自製醬汁，讓人一吃就著迷。

Kung Pao Prawns

宮保蝦球

真的是顆球，和外面餐館賣的蝦球外型完全不一樣，因為入鍋油炸，增添杏仁片口感更顯酥脆。

🕐 20 分 | 🍽 2 人份

材料

馬蹄 50 克
蝦仁 250 克
蛋白 1 顆量
低筋麵粉適量
蛋液 1 顆量
杏仁片適量
沙拉油（油炸用）適量
蒜碎 1 匙
薑碎 1 匙
二荊條 30 克
蔥段 4 根
熟花生 3 匙

調味料

鹽少許
胡椒少許

宮保醬汁

米酒 1 匙
醬油 1 匙
雞汁 3 匙（或水）
糖 1 匙
醋 2 匙
太白粉 1 茶匙
番茄醬 3 匙

1 馬蹄剁碎備用。

2 蝦仁、蛋白、鹽、胡椒以調理機打碎成蝦漿，再與馬蹄碎混合均勻。

3 作法 2 的蝦漿分成 6 份，塑成圓球狀，依序沾上麵粉、蛋液、杏仁片。

4 蝦球上的杏仁片需均勻沾上。

5 蝦球放入 180 度的油鍋炸至金黃取出備用。

6 將蒜碎、薑碎、二荊條、蔥段爆香後，放入蝦球拌炒。

7 宮保醬汁材料放入碗中調勻，加入作法 6 的蝦球拌炒至醬汁完整沾附。

8 起鍋前撒上熟花生即可。

Pan-Fried Fish Fillet with Cream,
Miso & Black Garlic Sauce

鮮嫩海魚佐黑蒜味噌奶油醬汁

以黑蒜味噌奶油醬帶出魚肉的香甜，並保留了魚本身的鮮味。

 30 分鐘 　|　 2 人份

材料

旗魚 1 片
橄欖油（油煎用）適量
橄欖油 1 匙
花椰菜 1 朵
迷你紅蘿蔔 1 根
聖女番茄 1 顆
玉米筍 1 根
地瓜 1 片

黑蒜味噌奶油醬汁

牛奶 300 毫升
鮮奶油 300 毫升
味噌 1 匙
洋蔥 30 克
黑蒜頭 8 顆
百里香 1 茶匙
清酒 45 毫升

醃料

鹽半茶匙
胡椒半茶匙

裝飾

茴香葉適量
黑蒜頭 1 顆

1 製作黑蒜味噌奶油醬汁。醬汁材料放入鑄鐵鍋，以小火煮至醬汁收到一半的量。

2 作法 1 的醬汁材料放入調理機打成泥狀，再倒回鍋中重新加熱，即為黑蒜味噌奶油醬汁。

3 將旗魚以鹽、胡椒略為醃過。

4 在鑄鐵盤倒入橄欖油以中火熱鍋，轉小火放入醃過的旗魚煎至熟。

5 花椰菜、迷你紅蘿蔔、聖女番茄、玉米筍、地瓜川燙後淋上橄欖油，攪拌均勻。

6 煎熟的旗魚與作法 5 的配菜盛盤，淋上作法 2 的黑蒜味噌奶油醬汁。

7 以茴香葉、黑蒜頭裝飾即可完成。

 tips

· 海魚種類多 ·
除了旗魚，也可以使用圓鱈來烹調。

Broiled Lobster with
Sea Urchin Sauce

雲丹燒龍蝦

海膽搭配新鮮龍蝦，鮮味加倍，在家也能做出媲美星級主廚的海鮮料理。

材料

龍蝦 1 個
雪白菇 20 克
鴻喜菇 20 克
蘆筍 2 根
紅蘿蔔 1 根
毛豆 1 顆
自製南瓜醬 1 茶匙

雲丹燒醬

海膽 40 克
清酒 15 毫升
蛋黃 2 顆

裝飾

芝麻葉適量

1 取一鍋水煮滾後，放入龍蝦，以中小火煮至熟。

2 取出龍蝦泡入冰水中。

3 待龍蝦冷卻，把龍蝦頭轉開。

4 以剪刀深入殼中，剪去龍蝦腹部、背部的殼。

tips

· 烤龍蝦 ·
如果沒有噴火槍，可以將烤箱以 200 度預熱 5 分鐘，放入龍蝦烤約 3 分鐘至上色即可。

20 分鐘　　2 人份

5 將蝦殼撥開取出龍蝦肉。

6 雲丹燒醬的材料放入碗中,以筷子攪拌均勻。

7 以毛刷沾上雲丹燒醬,於龍蝦肉上刷抹燒醬。

8 以噴火槍將龍蝦肉噴至上色。

9 雪白菇、鴻喜菇、蘆筍、紅蘿蔔、毛豆川燙後瀝乾。將南瓜醬鋪在盤子上。

10 配菜與龍蝦依序盛盤,以芝麻葉、龍蝦頭裝飾即可完成。

Crab Claws with
Spicy Chili Sauce

催淚蟹

品味蟹腳時，辣中還帶著一點酒香味，很適合當作下酒菜。

 10 分鐘 ｜ 2 人份

材料
彩色椒半顆
洋蔥半顆
糯米椒 6 根
蟹腳 400 克
沙拉油（油炸用）適量
花椒油 2 匙
自製辣椒醬 100 克
高粱酒 30 毫克

醃料
自製辣椒醬 1 匙
高粱酒 1 茶匙

1 彩色椒、洋蔥切成塊，糯米椒切片備用。

2 蟹腳以自製辣椒醬、高粱酒略醃一下備用。

3 當油鍋溫度約達 180 度時，放入彩色椒、洋蔥、蟹腳過油至熟後，取出瀝乾。

4 糯米椒放入鍋中，以花椒油炒香。

5 加入作法 3 已過油的彩色椒、洋蔥、蟹腳。

6 倒入自製辣椒醬。

7 將自製辣椒醬拌炒均勻至蟹腳入味。

8 淋上高粱酒略炒一下即可完成。

Chapter5

肉類料理
Meats

滑嫩多汁、皮脆肉鮮、油脂飽滿，
教你用鑄鐵鍋具，將肉品烹調出極致的美味。

Perfect Roast Chicken

節慶烤雞

每逢節慶香味四溢的烤雞，是餐桌上不可少的料理。
這是與親友分享吃大餐與增添歡樂氛圍的幸福滋味。

材料

春雞 1 隻
紅蔥頭碎 2 顆量
奶油 30 克
雞肝丁 50 克
鮮奶油 50 毫升
燕麥片 2 匙
玉米 1 根
馬鈴薯 2 顆
橄欖油適量
迷迭香 2 支
白蘭地 10 毫升

醃料

柳橙 1 顆
蒜頭 6 顆
巴西利 1 茶匙
水 500 毫升
鹽半茶匙
胡椒半茶匙

1 製作醃料。用刨刀器把柳橙皮刨下備用。

2 作法 1 的柳橙皮、蒜頭與巴西利切碎備用。

3 春雞洗淨放入盆中，倒入冷開水至蓋過春雞的量即可。

4 於盆中加入柳橙汁、鹽與胡椒，放進冰箱冷藏，醃泡一個晚上。

5 紅蔥頭碎以奶油炒香，加入雞肝以小火拌炒至熟。

6 倒入鮮奶油，再與雞肝一同拌炒。

7 作法 6 的雞肝倒入調理機攪拌成泥。

40 分鐘 ｜ 2 人份

8 加入燕麥片，增添稠度，
即為雞肝泥。

9 玉米切成數段、馬鈴薯切
塊備用。

10 取一個鍋子，將作法 9
的玉米、馬鈴薯塊鋪在
鍋底。

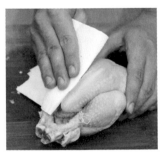

11 取出作法 4 的春雞，用
餐巾紙擦乾水分。

12 作法 8 的雞肝泥放入袋
中，擠入春雞中。

13 在春雞表面抹上橄欖
油、作法 2 的柳橙皮碎、
蒜頭碎、巴西利碎及迷
迭香。

14 將春雞放入作法 10 的
鍋中，撒上鹽與胡椒，
烤箱以 170 度預熱 5 分
鐘後，放入春雞烤約 30
分鐘。

15 每烤約 10 分鐘時，可
將底盤的油重覆淋在烤
雞上，淋油動作需重複
3 次。

16 烤完後，噴上白蘭地即
可完成。

Beef in Hot Chili Oil

水煮三國

以多種辛辣香料燉煮出的麻辣鮮味，嘗一口真是又麻又辣十分過癮。

材料
牛肚 100 克
牛筋 100 克
玄米油 150 毫升
花椒粒 1 匙
二荊條 50 克
牛肉塊 150 克
郫縣豆瓣醬 2 匙
蒜碎 2 匙
薑碎 1 茶匙
蒜苗段 1 支量
芹菜段 3 支量
紹興酒 2 匙
水 600 毫升（或是雞高湯）
醬油 1 匙
糖 2 匙
娃娃菜 4 個
豆芽菜 40 克
太白粉水適量
辣椒油 6 匙

滷肉料
花椒 1 匙
滷包 1 個
紹興酒 100 毫升
薑片 3 片
蔥 2 根
醬油 350 毫升

1 牛肚、牛筋與滷肉材料放入鑄鐵鍋。

2 以小火煨 2 小時至牛肚、牛筋入味。

3 取出作法 2 的牛肚、牛筋切成數塊。

4 取另一個鑄鐵鍋倒入玄米油後，將花椒粒與二荊條爆香。

5 取出作法 4 的花椒粒與二荊條，放涼後切碎備用。

6 放入牛肉塊炒至半熟。

30 分鐘　　2 人份

7 加入郫縣豆瓣醬與牛肉塊
　一同拌炒。

8 加入蒜碎、薑碎拌炒，再
　加入蒜苗段，芹菜段炒出
　香氣。

9 淋上紹興酒，加入水、醬
　油、糖。

10 放入作法 5 的花椒碎、
　 二荊條碎、作法 3 的牛
　 肚、牛筋與娃娃菜。

11 待煮滾後放入豆芽菜。

12 留下湯汁，以濾網將所
　 有食材撈出放入深底鑄
　 鐵鍋。

13 太白粉水倒入作法 12
　 的湯汁中，芶成濃芡後
　 淋在深底鑄鐵鍋的食
　 材上。

14 最後放上蔥花，燒熱辣
　 油倒入鍋內即可完成。

Sous Vide Pork Cheek

油封松阪肉

嚴選豬頰肉以油封方式烹調，將肉汁緊緊鎖住，煎煮時的香氣，讓人食慾大開。

 1 小時　　🍴 2 人份

材料
松阪豬 2 片
橄欖油（油封用）2000 毫升
八角 1 顆
肉桂 1 茶匙
蒜頭 3 瓣

醃料
自製香料鹽 3 匙

調味料
卡宴辣椒粉適量

裝飾
墨西哥辣椒適量
冰花適量
百香果半顆

1 松阪豬撒上自製香料鹽，醃製一天。

2 橄欖油、八角、肉桂與蒜頭一同放入鑄鐵鍋以小火加熱至 75 度，再放入松阪豬。

3 以微火油封約 50 分鐘，並維持油溫 75 度加熱。

4 取出油封好的松阪豬，此時豬肉表面的顏色會較白。

5 作法 4 的松阪豬放入鑄鐵盤以中小火煎香。

6 最後撒上卡宴辣椒粉、放上墨西哥辣椒、冰花與百香果即可完成。

Grilled Beef with Teppanyaki Sauce

男子漢炙烤牛排

豪邁的將比臉還大的牛排放入煎鍋，煎得滋滋作響，
好吃的捨不得與他人分食，只想自己獨享。

材料
蒜頭 1 整顆
牛排 1 塊
蘆筍 4 根
奶油 20 克
洋蔥片 1 片
鐵板燒醬 50 毫升

醃料
蒜頭 1 瓣
普羅旺斯香料 1 茶匙
鹽半茶匙
胡椒半茶匙

調味料
鹽適量
胡椒適量
普羅旺斯香料適量

裝飾
馬鈴薯泥適量
綜合生菜適量
冰花適量

1 整顆的蒜頭去頭尾，放入鑄鐵鍋中。

2 以鹽、胡椒與普羅旺斯香料調味。

3 烤箱以 170 度預熱 5 分鐘後，放入蒜頭，烤 20 分鐘。蘆筍川燙備用。

4 於牛排的兩面，分別抹上蒜頭。

5 撒上普羅旺斯香料、鹽與胡椒略為醃過。

6 奶油放入鑄鐵盤待融化。

30 分鐘 ｜ 1 人份

7 放上牛排以中小火煎至兩面上色（或是想要的熟度）。

8 放上洋蔥片與川燙過的蘆筍煎熟。

9 淋上鐵板燒醬汁，煎至牛排入味。

10 擠上馬鈴薯泥。

11 在薯泥中放上綜合生菜、冰花。

12 最後擺上烤好的蒜頭即可完成。

Pig Trotter in
Ginger and Sweetened Vinegar

甜醋豬腳薑

燉得透爛的豬腳，軟嫩香甜的滋味，難怪香港婦女坐月子時，喜歡以這道料理滋養進補。

 1 小時 30 分　　　2 人份

材料
薑 600 克
甜醋 3000 毫升
豬腳前段 4 個
鳥蛋 12 個

1 薑去皮後先用刀面稍微拍過。

2 拍過的薑放入鑄鐵鍋，乾煎出香味。

3 鍋內加入甜醋，以中小火煮滾後關火。

4 置於室溫下一個晚上。

5 豬腳前段以清水川燙，去除雜質後瀝乾。

6 豬腳前段與鳥蛋放入作法 4 的甜醋薑湯中。

7 以小火煨 1 小時半至入味即可完成。

tips

· 調和口味 ·
若覺得湯品太甜，可以加入適量的義大利葡萄醋調和口味。

Mexican Pork Stew with Chocolate

墨西哥可可風味燉肉

巧克力與肉類的巧妙結合，搭配出獨樹一幟的甜鹹料理，非常適合作為情人節的主菜。

 1 小時　　 2 人份

材料
梅花肉 1 塊（約 350 克）
黑麥啤酒 1 瓶（330 毫升）
馬鈴薯 1 顆
紅蘿蔔半根
洋蔥 1 顆
蘑菇 6 朵
花椰菜半顆
熟黑豆 1 杯
苦甜巧克力 50 克

醃料
墨西哥香料 3 匙
茴香籽 1 茶匙
鹽 1 茶匙
黑胡椒半茶匙
香蒜粉 1 茶匙
辣椒粉 1 匙

調味料
鹽適量
蜂蜜 30 毫升
鮮奶油 100 克

裝飾
甜椒半顆

1 梅花肉放入盆中，依序加入醃料與黑麥啤酒。

2 馬鈴薯、紅蘿蔔、洋蔥、蘑菇切塊。花椰菜切小朵川燙備用。

3 除了花椰菜，將作法 1、作法 2 的食材和熟黑豆放入鑄鐵鍋。

4 以小火燉煮約 1 小時後，加入苦甜巧克力攪拌至融化。

5 加入鹽、蜂蜜與鮮奶油調味。

6 最後擺上花椰菜、甜椒即可完成。

Pan Fried Chicken Breast with Broccoli Sauce

炙煎雞胸排佐花椰菜醬汁

肉質軟嫩不乾澀，淋上醬汁口感更顯滋潤，原來雞胸肉也可以這麼好吃。

 30 分鐘　 2 人份

材料
雞胸肉 1 塊
蘆筍 2 根
玉米筍 1 根
橄欖油適量
鴻喜菇 15 克
雪白菇 15 克
花椰菜醬汁 40 克
番茄醬汁 20 克

花椰菜醬
牛奶 250 毫升
雞高湯 250 毫升
月桂葉 1 片
洋蔥碎 1/4 顆量
蒜頭 2 瓣
花椰菜 1 顆

醃料
水 500 毫升
鹽半茶匙
胡椒半茶匙

裝飾
風乾番茄 3 顆
水菜適量
花椰菜 2 朵
毛豆 20 克

1 製作花椰菜醬。除了花椰菜將其他食材入鍋煮滾後，轉小火再煮 10 分鐘。

2 加入花椰菜，以小火煮 10 分鐘至熟。

3 花椰菜醬的材料以果汁機打勻，倒回鍋中重新加熱，即成花椰菜醬。

4 雞胸肉放入醃料裡，醃製 10 分鐘。把蘆筍與玉米筍川燙。

5 取出雞胸肉用餐巾紙擦乾水分，抹上橄欖油。

6 作法 5 的雞胸肉放入鑄鐵盤上，以小火煎熟後取出。

7 加入鴻喜菇、雪白菇與川燙過的玉米筍炒熟，也可以加入少許水，讓食材與鍋內殘留的雞汁結合。

8 盛盤後，抹上花椰菜醬汁，放上雞胸肉與配菜，再淋上番茄醬汁即可完成。

Chapter6 🍽️

麵飯料理
Pastas and Rice

義大利麵、南洋風味麵、南瓜燉飯、鮭魚拌飯、水果口味咖哩飯……
給你多種不同風味的麵、飯料裡，與家人一同享受幸福的用餐時光。

奶焗花椰菜杏仁筆管麵

以雞蛋、牛奶、起司絲製成的奶焗醬，就能輕鬆做出小朋友最愛的奶味義大利麵。

材料
有機筆管麵 350 克
培根 4 片
洋蔥 1/2 顆
蒜頭 2 瓣
蘑菇 8 朵
花椰菜 1 顆
橄欖油適量

奶焗醬
雞蛋 2 顆
牛奶 400 毫升
起司絲 60 克

調味料
海鹽少許
黑胡椒少許

裝飾
杏仁片適量
巴西利適量

1 取一鍋水放入少許海鹽與筆管麵，煮約 3 分半鐘至麵半熟取出，保留煮麵水。

2 培根、洋蔥、蒜頭與蘑菇切碎備用。

3 花椰菜切成小朵，川燙至熟後泡冰水。

4 鑄鐵鍋中倒入橄欖油，放入作法 2 的培根碎與洋蔥碎以中小火炒香。

5 再加入作法 2 的蘑菇碎與蒜碎炒香並上色。

6 製作奶焗醬。雞蛋、牛奶與起司絲放入碗中。

30 分鐘   4 人份

7 加入黑胡椒與海鹽調味。

8 用筷子攪拌均勻，即成奶焗醬。

9 在作法 5 的鍋中加入半熟的筆管麵與作法 1 的 200 毫升煮麵水，煮約 1 分鐘至麵入味。

10 淋上奶焗醬後，轉小火拌炒均勻。

11 作法 10 的麵倒入鑄鐵烤盤中，放上作法 3 的花椰菜。烤箱以 200 度預熱 5 分鐘。

12 放入烤箱後，烤約 5 分鐘至麵上色取出。以杏仁片與巴西利裝飾即可完成。

Pasta with Black Garlic and Sea Urchin

黑蒜海膽風味直麵

帶著海洋滋味的風味麵,滿是海膽的鮮味,再嘗口酸甜黑蒜頭,曼妙滋味令人著迷。

 10 分鐘 | 2 人份

材料
有機義大利麵 150 克
乾辣椒 2 根
紅蔥頭 2 瓣
橄欖油適量
海膽 60 克
白酒 45 毫升

調味料
海鹽少許
胡椒少許

裝飾
蔥綠(1 根的量)
海膽適量
黑蒜頭適量

1 取一鍋水放入少許的海鹽與義大利麵,煮約 3 分鐘至麵半熟,保留煮麵水。

2 乾辣椒、紅蔥頭與蔥綠切碎。

3 乾辣椒碎與紅蔥頭碎放入鍋中以橄欖油炒香。

4 加入 30 克的海膽,淋上白酒,將海膽炒散。

5 作法 1 的義大利麵與 150 毫升煮麵水放入鍋中,炒約 1 分鐘,再撒上鹽與胡椒調味。

6 取深底鑄鐵鍋倒入作法 5 的義大利麵,再以蔥綠、海膽與黑蒜頭裝飾即可完成。

Turkey Ravioli

土耳其風味水餃

宛如小星星般的水餃造型可愛，是土耳其的傳統料理，視覺、味覺兼具。

 30 分鐘　　　2 人份

材料

羊絞肉 300 克
優格 1 罐
蒜泥 6 瓣量
水餃皮 600 克
自製番茄醬 2 匙
橄欖油 1 匙

醃料

巴西利碎 1 茶匙
海鹽 1 茶匙
胡椒半茶匙

1 羊絞肉先以巴西利碎、
海鹽與胡椒略稍微醃一
下備用。

2 優格與蒜泥攪拌混合後
做成優格蒜泥醬。

3 水餃皮修邊成四方形，
再於中心切十字，變成
4 塊小正方形。

4 在水餃皮上放入約 1 茶
匙作法 1 的羊絞肉。

5 先將水餃皮的 4 個角往
內捏。

6 再捏緊，使絞肉不散落
出來。

7 取一鍋滾水放入水餃，
待水餃浮起即煮熟，可
取出瀝乾，放入平底鑄
鐵鍋。

8 最後淋上自製番茄醬、
優格蒜泥醬與橄欖油即
可完成。（食用前將醬
料與水餃拌勻）

Rigatoni with Sun-Dried Tomato
and Arugula

風乾番茄芝麻葉水管麵

以鮮番茄自製的紅醬搭配，能飽吸醬汁的水管麵，味道絕對沒話說。

 10 分鐘　　 2 人份

材料
聖女番茄 80 克
蒜碎 1 瓣量
橄欖油 3 匙
有機水管麵 150 克
洋蔥碎 30 克
橄欖油（炒菜用）適量
自製番茄醬 300 克

調味料
海鹽少許
胡椒少許
橄欖油 1 ～ 2 匙

裝飾
芝麻葉適量
帕瑪火腿 2 片
帕瑪森起司適量

1 聖女番茄洗淨後切成對半，放入鑄鐵鍋中。

2 以海鹽與胡椒調味，放入蒜碎，淋上橄欖油。

3 烤箱以 90 度預熱 3 分鐘，放入番茄烤約 2 小時至番茄呈現乾皺狀取出備用。

4 取一鍋水，放入少許海鹽與水管麵，煮約 3 分半鐘至麵半熟。

5 乾淨的鑄鐵鍋中放入洋蔥碎以橄欖油炒香，再加入水管麵與自製番茄醬，煮約 1 分鐘盛盤。

6 在水管麵上依序放上芝麻葉、帕瑪火腿、作法 3 的風乾聖女番茄和帕瑪森起司，淋上橄欖油即可完成。

Southeast Asian Beef
& Pumpkin Noodle Soup

南洋叻沙南瓜湯麵

叻沙是星馬地區的代表性料理，
以蝦醬、南薑、香茅……等南洋風味的香料調味，增添菜肴的香氣與口味。

材料

家常麵 200 克
南瓜塊 50 克
牛肉片 100 克
四季豆 80 克
豆芽菜 20 克
香菜 1 片
水煮蛋 1 顆

高湯材料

洋蔥半顆
橄欖油 2 匙
蝦醬 1 匙
檸檬葉 2 片
南薑 1 片
香茅 1 匙
水 1000 毫升
椰奶 1 罐

高湯調味料

鹽少許
胡椒少許
魚露 30 毫升
黃砂糖 1 茶匙
白胡椒少許
蔥 1 根
薑黃粉 1 茶匙
咖哩粉 2 匙

調味料

鹽適量
胡椒適量
糖適量

1 取一鍋水加入少許鹽，水煮滾後下麵，煮約 2 ～ 3 分鐘至麵熟後取出。

2 南瓜塊撒上胡椒與糖。烤箱以 170 度預熱 5 分鐘，放入南瓜烤約 30 分鐘。

3 烤熟後取出，趁熱搗成泥備用。

4 製作高湯。洋蔥切絲放入鑄鐵鍋，以橄欖油炒香後，加入蝦醬。

5 加入檸檬葉。

6 加入南薑。

7 加入香茅，倒入水、椰奶
　與高湯調味料，以小火煮
　至水滾。

8 湯汁煮滾後即以濾網過濾
　出食材，並將湯汁倒回鑄
　鐵鍋中。

9 在湯鍋內放入牛肉片與切
　段的四季豆煮至熟。

10 以中火煮滾後，放入豆
　　芽菜煮至變軟且熟，取
　　出牛肉片、四季豆、豆
　　芽菜備用。

11 將作法 1 的麵盛盤，擺
　　上煮好的牛肉片、四季
　　豆、豆芽菜、南瓜泥、
　　香菜與水煮蛋。

12 倒入作法 9 的湯汁即可
　　完成。

Fried Curry Rice Balls
& Scrambled

歐姆咖哩炸彈球

利用隔夜咖哩變化出金黃炸蛋球，端上餐桌給家人一個意外的驚喜。

材料
隔夜咖哩適量
隔夜白飯 1 碗
雞蛋 5 顆（2 顆沾粉用）
低筋麵粉適量
麵包粉適量
沙拉油（油炸用）適量
橄欖油適量

調味料
巴西利碎適量
鹽少許
胡椒少許

裝飾
美奶滋適量
芝麻葉適量
番茄丁 20 克
葡萄乾適量

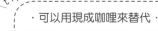

·可以用現成咖哩來替代·
用吃不完的隔夜咖哩，變化
出不同的隔餐料理，若是沒
有隔夜咖哩，也可以用裏頭
有馬鈴薯、紅蘿蔔、肉塊的
現成咖哩來製作。

1 隔夜咖哩中的肉塊、馬鈴
薯和紅蘿蔔取出瀝乾。

2 作法 1 的肉塊切丁備用。

3 作法 1 的馬鈴薯、紅蘿蔔
搗成泥，即為蔬菜泥。

4 將肉丁包入蔬菜泥塑成圓
球狀。

5 以隔夜飯將作法 4 的肉丁
蔬菜泥包裹起來。

6 整形成圓球狀即為飯糰。

10分鐘 | 2人份

7 將2顆蛋打散成蛋液。飯糰先沾麵粉、蛋液,再沾麵包粉。

8 作法7的飯糰放入170度的油鍋中,炸至金黃色取出備用。

9 將3顆蛋打散成蛋液,以巴西利碎、鹽與胡椒調味後攪拌均勻。

10 取平底鑄鐵鍋中加入少許橄欖油,倒入蛋液。

11 以小火將蛋炒至半熟。

12 淋上隔夜咖哩汁。

13 放上飯糰,擠上適量的美乃滋。

14 最後以芝麻葉、番茄丁與葡萄乾裝飾即可。

Risotto with Chestnut,
Walnut and Pumpkin Sauce

南瓜栗子核桃燉飯

說到秋天怎能不嘗南瓜與栗子呢？更別說用來烹煮燉飯，更能挑起秋之食慾了！

 20 分鐘　　🍴 2 人份

材料

洋蔥碎 1/4 顆量
橄欖油（炒菜用）3 匙
義大利米 2 杯
白酒 40 毫升
高湯 800 毫升
自製南瓜醬 250 克
帕瑪森起司粉 2 匙
南瓜塊 1 個（厚度約 3 公分）
蘆筍 1 根

裝飾

核桃適量
栗子 6 顆
巴西利碎適量

調味料

海鹽少許
胡椒少許
橄欖油 1～2 匙

1 洋蔥以橄欖油炒香，加入義大利米，以中小火拌炒。

2 炒至油亮金黃時，淋上白酒，再加入蓋過米的高湯即可。

3 輕輕攪拌，轉小火煮約 10 分鐘至米粒呈現出飽和狀。

4 加入自製南瓜醬拌炒均勻，煮約 5 分鐘。

5 熬煮的過程中需持續加入高湯，避免乾煮。

6 關火，加入帕瑪森起司粉、橄欖油、海鹽與胡椒，再蓋鍋蓋燜 1 分鐘。

7 南瓜塊與蘆筍放在鑄鐵盤上煎熟備用。

8 另取平底鑄鐵鍋裝入作法 6 的燉飯，擺上南瓜塊、蘆筍、核桃與栗子，撒上起司粉、巴西利碎，淋上橄欖油即可完成。

Fried Rice with Anchovy
and Vegetable

家鄉菜脯吻仔魚菜飯

古早味的菜脯拌入吻仔魚炒飯的香氣，菜飯入口，那懷念的記憶也正湧上心頭。

 10分鐘　　🍽 1人份

材料

吻仔魚 2 匙
蒜碎 1 顆量
橄欖油 2 匙
菜脯碎 1 匙
白飯 1 碗
白胡椒粉 1 茶匙
高麗菜碎 50 克
韭菜花 40 克
鐵板燒醬汁 2 匙

裝飾

吻仔魚適量

1 吻仔魚與蒜碎一同放入鑄
　鐵鍋，以橄欖油炒香取出
　備用。（最後灑在飯上）

2 放入菜脯碎炒香。

3 加入白飯以中小火拌炒，
　撒上白胡椒粉調味。

4 在炒飯上加入高麗菜碎與
　韭菜花繼續拌炒。

5 淋上鐵板燒醬汁炒至米粒
　散開即盛盤。

6 盛盤後撒上作法 1 吻仔魚
　即可完成。

Milanese Risotto
with Oxtail

米蘭牛尾燉飯

米蘭式燉飯以番紅花燉煮上色，油亮金黃的飯粒，
不論是視覺，還是味覺皆有一番風味。

材料
牛尾 500 克
白酒 100 毫升
番紅花 1 茶匙
洋蔥碎 1/4 顆量
奶油 40 克
義大利米 2 杯
帕瑪森起司 2 匙

調味料
奶油適量
海鹽適量

高湯材料
月桂葉 1 片
洋蔥 1/4 顆
紅蘿蔔半根
柳橙半顆
巴西利梗 1 根
水 200 毫升

裝飾
芝麻葉適量
帕瑪森起司片適量

1 牛尾與高湯材料放入鑄鐵鍋中，倒入蓋過食材的水量，煮約 2 小時。

2 將高湯過濾去雜質，取出過濾食材中的牛尾備用。

3 番紅花浸泡在白酒中做成白酒番紅花備用。

4 另取鑄鐵鍋，放入洋蔥碎與奶油，以中小火炒香。

5 加入作法 2 的牛尾拌炒。

6 洗淨義大利米後，放入鍋中拌炒至米粒油亮。

2 小時 30 分鐘 | 2 人份

7 倒入作法 3 的白酒番紅花再略微拌炒至酒氣揮發。

8 倒入作法 2 的高湯,湯汁要能飯蓋過米飯,煮約 15 分鐘。

9 關火後加入奶油與鹽調味,帕瑪森起司刨絲入鍋後,蓋鍋蓋燜 1 分鐘。

10 最後以芝麻葉與帕馬森起司片裝飾即可完成。

Salmon Onigiri

日式鮭魚御飯

香噴噴的鮭魚飯總讓人食指大動。

 30 分鐘 | 4 人份

材料

米 2 杯
日式淡醬油 1 杯
水 2 杯
絲瓜 100 克
黑木耳 1 片
油豆腐 1 塊
鮭魚排 1 片
鳥蛋 8 顆
草菇 50 克
蔥花（1 根的量）

裝飾

海苔醬適量
唐辛子適量

1 米洗淨放入鑄鐵鍋中，加入日式淡醬油與水。

2 絲瓜、黑木耳和油豆腐切丁。

3 除了蔥和油豆腐，將其他食材放入鑄鐵鍋，蓋上鍋蓋，以中小火煮滾約 10 分鐘至熟。

4 關火燜 15 分鐘後，取出鮭魚。

5 將飯與食材攪拌均勻。

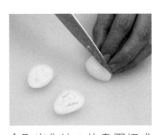

6 取出作法 5 的鳥蛋切成對半備用。

tips

·以深底鑄鐵鍋為容器·
日式鮭魚飯盛入鑄鐵鍋中，淋上海苔醬，撒上唐辛子即可食用。

7 將飯盛入食器中，放上草菇、蔥花、作法 2 的油豆腐丁。

8 如以盤裝，可用海苔醬畫盤，撒上唐辛子即可完成。

Chicken and Pineapple
Curry with Rum

蘭姆鳳梨雞肉咖哩

以鳳梨燉煮的雞肉咖哩，增添了果香酸甜味，
其後加入花生醬，讓咖哩的味道層次更加豐富。

材料

雞腿肉 4 隻
綿繩 4 條
洋蔥 2 顆
鳳梨 1/4 顆
黑糖 1 匙
鴻喜菇 30 克
雪白菇 30 克
蘭姆酒 40 毫升
水 1200 毫升
咖哩塊 1 塊
白飯 1 碗

醃料

鹽 1 茶匙
胡椒 1 茶匙
蘭姆酒 40 毫升

調味料

花生醬 2 匙
鹽適量

裝飾

花椰菜半顆
芝麻葉適量
紅甜椒丁半顆

1 雞腿肉以鹽、胡椒與蘭姆
酒略醃一下。

2 雞腿肉捲成條狀。

3 以綿繩繞雞腿肉一圈即打
一個結，於腿肉上、中、
下分別打結。

4 將打上 4 個結的雞腿肉綑
綁好備用。

5 洋蔥切絲放入鑄鐵鍋，炒
至深色取出備用，再煎香
鳳梨。

6 在鳳梨表面撒上黑糖。

30 分鐘 | 4 人份

7 作法 4 的雞腿肉放入鑄鐵盤以中小火煎香且上色。

8 放入菇類煎軟，再倒入乾淨的鑄鐵鍋中。

9 淋上蘭姆酒，放入洋蔥絲、水與作法 6 的鳳梨。

10 水滾後，放入咖哩塊煮約 20 分鐘至咖哩融化。

11 再以花生醬與鹽調味。將雞腿肉取出，去除綿線後切塊備用。

12 盛盤後，放上咖哩醬料、白飯，擺上川燙花椰菜、芝麻葉、紅甜椒丁即可完成。

Coconut Pork Hock Curry

椰香豬腱咖哩

以香甜的芒果調和了咖哩原有的辛辣味，甜甜鹹鹹的咖哩醬汁配上白飯，直讓人胃口大開。

 30 分鐘　｜　4 人份

材料

橄欖油適量
洋蔥 2 顆
芒果 1 顆
豬腱肉 600 克
水 1000 毫升
馬鈴薯 2 顆
紅蘿蔔 1 根
爪哇咖哩塊 1 塊
椰漿 1 罐

醃料

鹽 1 茶匙
胡椒 1 茶匙

1 洋蔥切絲放入加入少許橄欖油的鍋中，炒至深色備用。

2 芒果切塊，需留下芒果中間籽備用。

3 豬腱肉切成塊狀。

4 略抓一下，將醃料與肉塊混勻。

5 乾淨的鍋中倒入橄欖油，放入作法 4 的肉塊，以中小火煎香並上色。

6 倒入水、加入炒好的洋蔥絲、芒果籽待煮滾，轉小火燉煮 25 分鐘。

 tips

· 咖哩炸彈球 ·
若是吃不完咖哩，可以用來製作 P.120 歐姆炸彈球。

7 切塊的馬鈴薯、紅蘿蔔加入鍋中，放入咖哩塊、椰漿，蓋鍋蓋以小火煮約 10 分鐘至食材煮熟。

8 盛盤時放上芒果塊即可完成。

Risotto with Mentaiko
& Cream Sauce

鐵鍋明太子奶香飯

味道鮮明的明太子，拌入奶香炒飯，非常可口，不由得一口接著一口。

 10 分鐘　　🍽 1 人份

材料
奶油 2 小塊
雞蛋 1 顆
白飯 1 碗
蔥花（1 根的量）
明太子 1 小塊
蛋黃 1 顆

調味料
白胡椒粉適量
胡麻旦旦醬 2 匙半

1 1 小塊奶油放入鑄鐵鍋中，以中小火加熱至融化後，再打入雞蛋炒香。

2 加入白飯拌炒至勻。

3 撒上白胡椒粉，倒入胡麻旦旦醬拌炒。

4 飯與醬料拌炒至香氣出來後，加入蔥花拌均勻後關火。

5 將奶香飯倒入平底鑄鐵鍋中，放上生蛋黃。

6 放上明太子和 1 小塊奶油即可完成。

Rich Chickpea Curry

濃厚豆味咖哩

咖哩醬中有著淡淡的蕉甜味，搭配著口感鬆軟的鷹嘴豆，非常適合淋在白飯品嘗。

 1 小時　　　 4 人份

材料
鷹嘴豆 2 杯（碗）
洋蔥 2 顆
香蕉 1 根
朝天椒 1 根
肉桂粉 1 匙
蘭姆酒 40 毫升
水 1200 毫升
咖哩塊 1 塊
豆腐 1 塊
橄欖油適量
已川燙毛豆 1 杯（碗）

調味料
鹽適量
黑胡椒適量

裝飾
綜合生菜葉適量
牛番茄 1 顆

1 鷹嘴豆與水放入盆中，泡一個晚上。夏天需放入冰箱冷藏。

2 泡好的鷹嘴豆會呈膨脹飽滿的樣子。

3 洋蔥切絲，炒至深色取出備用。切塊的香蕉與朝天椒入鍋煎香，撒上肉桂粉。

4 放入作法 2 的鷹嘴豆，淋上蘭姆酒，再加入洋蔥絲與水，以中小火煮至滾。

5 水滾後加入咖哩塊蓋鍋蓋，以小火煮約 1 小時，再以鹽與黑胡椒調味。

6 豆腐切成約 0.3 公分的厚片，撒上鹽與黑胡椒。

7 另取一個鑄鐵鍋倒入橄欖油，放入作法 6 的豆腐煎至兩面上色。

8 盛盤後，放上豆腐塊、川燙毛豆、綜合生菜葉與牛番茄即可完成。

鑄鐵鍋の新手聖經

開鍋養鍋╳煲湯沙拉╳飯麵主餐＝許你一鍋的幸福

作　　　者　陳秉文
攝　　　影　楊志雄
編　　　輯　陳思穎、吳孟蓉
美術設計　王吟棣

發 行 人　程安琪
總 策 畫　程顯灝
總 編 輯　呂增娣
主　　編　李瓊絲
編　　輯　鄭婷尹、陳思穎、邱昌昊
美術總監　潘大智
美　　編　侯心苹、閻虹
行銷總監　呂增慧
行銷企劃　謝儀方、吳孟蓉

發 行 部　侯莉莉
財 務 部　許麗娟
印　　務　許丁財
出 版 者　橘子文化事業有限公司

總 代 理　三友圖書有限公司
地　　址　106 台北市安和路 2 段 213 號 4 樓
電　　話　(02) 2377-4155
傳　　真　(02) 2377-4355
E － mail　service@sanyau.com.tw
郵政劃撥　05844889 三友圖書有限公司

總 經 銷　大和書報圖書股份有限公司
地　　址　新北市新莊區五工五路 2 號
電　　話　(02) 8990-2588
傳　　真　(02) 2299-7900

製版印刷　鴻嘉彩藝印刷股份有限公司

初　　版　2015 年 11 月
定　　價　新臺幣 380 元
Ｉ Ｓ Ｂ Ｎ　978-986-364-079-0（平裝）
◎版權所有・翻印必究
書若有破損缺頁 請寄回本社更換

國家圖書館出版品預先編目（CIP）資料

鑄鐵鍋の新手聖經：開鍋養鍋╳煲湯沙拉╳飯麵主餐
＝許你一鍋的幸福 / 陳秉文著 .-- 初版 .-- 臺北市：
橘子文化 , 2015.11
面；　公分
ISBN 978-986-364-079-0(平裝)

1. 食譜

427.1　　　　　　　　　　　　　　　　104022026

Slow Gentle Cooking **Charming Presentation**

簡單輕鬆烹飪 佳餚美味呈現

PENTOLE AGNELLI
PROFESSIONAL COOKWARE
HISTORY OF ITALY

安利亞鍋具
台灣總代理 尊爵國際企業有限公司

商品展售門市：Bottega italia 義宝百
台北市信義區永吉路120巷88號1F
Tel 02-2761 6138　email:sales@josley.com

地址： _____ 縣/市 _____ 鄉/鎮/市/區 _____ 路/街

_____ 段 _____ 巷 _____ 弄 _____ 號 _____ 樓

廣 告 回 函
台 北 郵 局 登 記 證
台北廣字第2780號

三友圖書有限公司 收
SANYAU PUBLISHING CO., LTD.

106　　台北市安和路2段213號4樓

三友圖書
讀書俱樂部

購買《鑄鐵鍋の新手聖經：開鍋養鍋×煲湯沙拉×飯麵主餐＝許你一鍋的幸福》的讀者有福啦！只要詳細填寫背面問卷，並寄回三友圖書，即有機會獲得尊爵國際企業有限公司獨家贊助之特別好禮！

安利亞鍋具──迷你鑄鐵鍋（橘色）乙個，價值新台幣 6,100 元（共乙名）

活動期限至 2016 年 1 月 15 日為止，詳情請見問卷內容。

＊本回函影印無效

四塊玉文創×橘子文化×旗林文化×食為天文創
https://www.facebook.com/comehomelife
http://www.ju-zi.com.tw

親愛的讀者：
感謝您購買《鑄鐵鍋の新手聖經：開鍋養鍋×煲湯沙拉×飯麵主餐＝許你一鍋的幸福》一書，
為回饋您對本書的支持與愛護，只要填妥本回函，並於 2016 年 1 月 15 日寄回本社（以郵戳
為憑），即有機會抽中「安利亞鍋具──迷你鑄鐵鍋（橘色）」乙個（共乙名）。

姓名 _____　　出生年月日_____

電話 _____　　E-mail _____

通訊地址_____

臉書帳號 _____

部落格名稱 _____

1 年齡
□ 18 歲以下 □ 19 歲～ 25 歲 □ 26 歲～ 35 歲 □ 36 歲～ 45 歲 □ 46 歲～ 55 歲
□ 56 歲～ 65 歲 □ 66 歲～ 75 歲 □ 76 歲～ 85 歲 □ 86 歲以上

2 職業
□軍公教 □工 □商 □自由業 □服務業 □農林漁牧業 □家管 □學生
□其他 _____

3 您從何處購得本書？
□網路書店 □博客來 □金石堂 □讀冊 □誠品 □其他 _____
□實體書店 _____

4 您從何處得知本書？
□網路書店 □博客來 □金石堂 □讀冊 □誠品 □其他 _____
□實體書店 _____ □ FB(微胖男女粉絲團 - 三友圖書)
□三友圖書電子報 □好好刊（季刊） □朋友推薦 □廣播媒體 _____

5 您購買本書的因素有哪些？（可複選）
□作者 □內容 □圖片 □版面編排 □其他 _____

6 您覺得本書的封面設計如何？
□非常滿意 □滿意 □普通 □很差 □其他 _____

7 非常感謝您購買此書，您還對哪些主題有興趣？（可複選）
□中西食譜 □點心烘焙 □飲品類 □旅遊 □養生保健 □瘦身美妝 □手作 □寵物
□商業理財 □心靈療癒 □小說 □其他 _____

8 您每個月的購書預算為多少金額？
□ 1,000 元以下 □ 1,001 ～ 2,000 元 □ 2,001 ～ 3,000 元 □ 3,001 ～ 4,000 元
□ 4,001 ～ 5,000 元 □ 5,001 元以上

9 若出版的書籍搭配贈品活動，您比較喜歡哪一類型的贈品？（可選 2 種）
□食品調味類 □鍋具類 □家電用品類 □書籍類 □生活用品類 □ DIY 手作類
□交通票券類 □展演活動票券類 □其他 _____

10 您認為本書尚需改進之處？以及對我們的意見？
_____

感謝您的填寫，
您寶貴的建議是我們進步的動力！

◎本回函得獎名單公布相關資訊
活動期限至 2016 年 1 月 15 日止
得獎名單抽出日期：2016 年 1 月 19 日
得獎名單公布於：
‧臉書「微胖男女編輯社 - 三友圖書」https://www.facebook.com/
‧痞客邦「微胖男女編輯社 - 三友圖書」http://sanyau888.pixnet.net/blog